# 染料坊

传统文化与科学的巧妙融合
文理兼修的跨学科学习

## 传统文化中的STEAM

郝京华　王伟群　主编



化学工业出版社
·北京·

**图书在版编目（CIP）数据**

传统文化中的STEAM. 染料坊 / 郝京华，王伟群主编. 北京：化学工业出版社，2025.5.（2026.1重印）-- ISBN 978-7-122-47663-0

Ⅰ. Z228.2；K203-49

中国国家版本馆CIP数据核字第20251GU367号

责任编辑：郑叶琳

文字编辑：谢晓馨　刘　璐

责任校对：李露洁

装帧设计：溢思视觉设计 E-mail: isstudio@126.com ╱程超

出版发行：化学工业出版社

（北京市东城区青年湖南街13号　邮政编码100011）

印　　装：盛大（天津）印刷有限公司

710mm×1000mm　1/16　印张$6\frac{1}{4}$　字数62千字

2026年1月北京第1版第2次印刷

购书咨询：010－64518888

售后服务：010－64518899

网　　址：http://www.cip.com.cn

凡购买本书，如有缺损质量问题，本社销售中心负责调换。

定　　价：28.00元

# 编写人员名单

主编：郝京华　王伟群

副主编：叶　枫　方锦强

执行副主编：麋　佳　高佳玉

参编人员：耿　毅　刘　珊　孙　康　张玉环

# 丛书序

你一定知道中国古代有造纸术、印刷术、火药、指南针四大发明，它们对人类的文明发展起过非常重要的作用。但你知道吗，中国古代伟大的发明远不止这几项。还有长江流域河姆渡文化给我们留下的七千多年前灿烂的稻作文明，还有黄河流域仰韶文化给我们留下的五千多年前绚烂的彩色陶器，还有中原殷商文化给我们留下的三千多年前精巧的青铜冶炼技术……除了这些，我们的祖先在农学、医学、天文、历法、数学、运筹学、工艺学、水利学、灾害学等领域也都取得过卓越的成就，为世界提供了丝绸、瓷器、茶叶等凝结着中华民族心智和汗水的技术产品，也给我们留下了雄伟的万里长城、绵延千里的大运河、宏伟壮丽的宫殿、巧夺天工的桥梁、诗意盎然的园林……

悠久的历史，积淀了深厚的中华文化。中国古代的科技发明犹如璀璨的明珠，在历史发展中熠熠生辉。

《传统文化中的STEAM》选取了若干与古代科技有密切关系的物化的传统文化项目，结合新教育的新科学理念，读中悟、写中思、做中学。包括《书印坊》《玩具坊》《染料坊》《兵器坊》《造船坊》《酿造坊》《烧造坊》《古建坊》《计量坊》《桑蚕坊》《农具坊》等。

每册书包括 4 ~ 9个主题，每一个主题包括四个内容板块，即探文化之源、践古人之行、析科技内涵、观后续发展。

“探文化之源”主要介绍该科技用品的结构、用法、历史，以及对社会、经济、文化等方面的影响。“践古人之行”提供了动手做的器材和步骤，编者希望小读者在过DIY（自己动手做）瘾的同时，能更深层次地领略古人的智慧。“析科技内涵”重点解析这些科技用品中蕴含的科学原理。中华先民当时是凭经验做出这些科技用品的，可能并不清楚其中的科学原理，这一部分可以为我们解密。“观后续发展”交代的是该科技用品现在的命运：它们中有的还在沿用，如风筝、石磨；有的则进了博物馆，如陶器、雕版。无论如何，我们作为龙的传人都应该铭记先民曾经有过的辉煌。

中华优秀传统文化是“中华民族的基因”，是“民族文化血脉”，是“民族精神命脉”。多了解一些中华优秀传统文化及其蕴含的科学知识，你一定会为先人的智慧所折服，你也一定能更好地理解上下五千年中华民族生生不息、屹立于世界东方的道理。中华优秀传统文化是我们民族自信的水之源、木之本。少年强则国强，希望你通过对传统文化的 STEAM 学习，吸收文化养分，激发创造潜能，提高民族自信。未来是你们的！

# 前言

爱美之心人皆有之。中国传统色彩不仅体现了人们对美的追求，也承载着深厚的历史文化底蕴，如同一幅绚烂的画卷，描绘出华夏文明的辉煌。在我国的传统文化中，色彩不仅仅是一种视觉符号，更是与文化相联系，形成了色彩文化。“以色喻象”是博大精深的中国色彩文化的核心内容，体现了人们对自然和人文环境的敬畏之心，也表达了人们对美好生活的向往。古人将五色（黑、红、青、白、黄）与五行（水、火、木、金、土）、五方（北、南、东、西、中）、五常（智、礼、仁、义、信）、五性（恐、喜、怒、忧、思）等相互融合，将大千世界的五颜六色都赋予了特殊的含义。在民间，红、黄、青、白、黑五色被尊为正色，红色是喜庆之色，黄色是吉祥之色，青色是生命之色，白色是纯洁之色，黑色是庄重之色。这些色彩观影响了人们生活的方方面面，例如在饮食上有办喜事用的红鸡蛋和祭祖用的青团，在服饰上有嫁娶用的红嫁衣和用于区分品级的不同颜色的官服，在建筑中有以红、黄为主色调的宫廷建筑和以黑、白为主色调的江南水乡民居，等等。

在科技还不发达的古代，这些颜色是如何提取并应用的呢？这就不得不提到古人的智慧了，他们或从自然界的植物和矿物中提取，直接用于染色或涂色，或通过一些化学反应形成所需的色彩。虽然他们并不清楚其中蕴含的科学原理，但凭借着经验和实践不断改进，技术高超绝伦，色彩美轮美奂。当然，今天我们能用物理、化学、生物学的原理解释古人技艺的奥秘，也能用科学的方法使古代的染色技术有更大的发展或更奇妙的用途。

我们根据科学与人文结合、动手与动脑结合、分科和融合结合、校内和校外结合、传统与现代结合、全体和个体结合的新科学教育原则，利用STEAM（科学Science，技术Technology，工程Engineering，艺术Art，数学Mathematics）重实践、跨学科的模式，编写了《传统文化中的STEAM·染料坊》这本科普读物。从食品中的红曲、青团和乌米，染色工艺中的蓝染和茶染，造纸工艺中的黄纸，绘画颜料用的铁红，制瓷过程中的窑变等方面，让大家了解中国色彩文化，学习古人独特的做色技艺，理解各种物品染色的科学原理，展望今日的色彩世界。并由此增强民族自信，激发大家学习科学和技术的好奇心和探究欲。

本书由王伟群依据《传统文化中的STEAM》丛书框架结构拟定提纲，刘珊、縻佳、孙康、高佳玉、耿毅、张玉环参加编写，王伟群、高佳玉、縻佳完成全书的统稿和定稿。王子儒在产品制作、拍摄、选图方面给予极大帮助，在此表示感谢！

目录


红曲

1

茶染

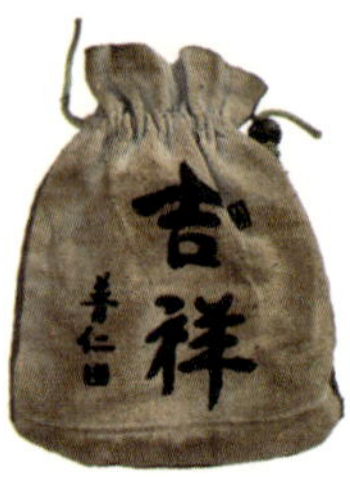


11

黄纸

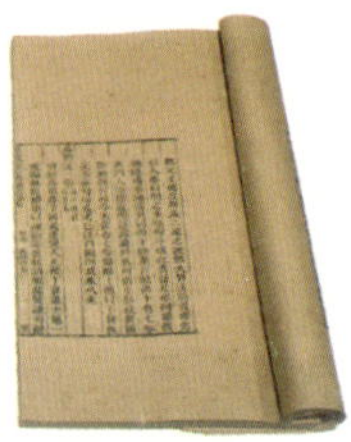

23

青团

35

窑变

46

靛蓝

56

乌米

69

铁红

77

# 红曲

# 探文化之源

红色是中华民族最喜欢的颜色之一，代表着喜庆、热闹与祥和。从描述秀丽景色的成语“姹紫嫣红”到描述江南春景的诗句“日出江花红胜火”，从节庆悬挂的大红灯笼到婚庆用的花烛红妆，中国人对于红色的喜爱体现在衣食住行各个方面，有“中国红”之称。中国红深深地刻在了中华民族的文化里，更融在了华夏儿女的血液里。

红色大丽花

节庆装饰

在美食方面，逢年过节，红色也是餐桌上的主色调。有的是食材本身带有红色，如番茄、红椒等，还有的是添加色素烧制而成的，如红烧肉。

节日佳肴

红烧肉

红烧肉是一道传统美食，色泽红亮、肥而不腻，深受许多中国人的喜爱。各地烧制红烧肉的方法有所不同，用红曲烧制红烧肉是中国的独创。这样做出来的红烧肉不仅红色特别艳丽，也因红曲的特殊功效被称为健康的红烧肉。若将肉面切成如樱桃般大小，排列整齐，就是传统名菜“樱桃肉”。这道菜始创于江苏，清乾隆年间传入宫中，在清代的《御茶膳房》档案中有记录。

红曲是中国古人发现的独特的红色素，据说一开始是在变质的酒曲中发现有红点，便大胆地收集这种红点酿酒，得到了红曲酒。

我国利用红曲历史悠久，有关红曲的记载，最早见于唐代徐坚《初学记》中记载：“王粲《七释》曰‘西旅游梁，御宿素祭，瓜州红杭（jīng），参糅（róu）相半。软滑膏润，入口流散’。”其中“红杭”就是现在的红曲，古人用它做红饭，还有腐乳。

红腐乳

用红曲做肉，最早见于五代末年陶穀（gǔ）撰写的《清异录》中“赐绯羊”即红糟羊肉的做法：“以红曲煮肉，紧卷石镇，深入酒骨淹透，切如纸薄，乃进。”这里的“酒骨”就是酒糟。苏东坡的诗“剩与故人寻土物，腊糟红曲寄驼蹄”指的就是用红曲烧猪蹄。后世流行的“东坡肉”也继承了这一方法，是用红曲处理猪肉烧成的。

猪蹄

红曲除了可作为食物用的红色色素外，还可用作药物。明代李时珍在《本草纲目》中介绍了红曲的药用价值，如活血化瘀、健脾消食等功效，可用于治疗食积饱胀、跌打损伤等病症，在医药领域被广泛使用。

践

古人之行

古代烧制红烧肉的方法有多种。清代著名文学家、美食家袁枚所著的《随园食单》一书，详细介绍了三种红烧肉的做法，或用甜酱，或用秋油，或用红曲，通过小火慢炖，最终都能红如琉璃。

下面让我们一起用红曲烧一份家常的红烧肉吧。

## 1 食材选择

做红烧肉要选择上好的五花肉。首先要挑选肥瘦均匀、颜色鲜红的肉，尽量选择按压时肉质有弹性、不松软的五花肉。

食材和用量：五花肉（500克）、红曲（15克）、冰糖2块（约15克）、料酒（30毫升）、酱油（10毫升）、盐（5克），八角、葱、姜片、蒜头各少许。

## 2 操作步骤

红烧肉的加工制作大体分为3个步骤。

① 将带皮五花肉洗净切块。冷水下锅，放入五花肉。大火煮开，撇去浮沫，煮到肉颜色变浅即可捞出。锅里水倒掉，放少许油，将焯好的五花肉倒入锅中煎炒，直至五花肉表面呈金黄色，微微出油。

切块

焯肉

煎炒

② 加入料酒、适量冰糖，然后倒入一大碗温水，再加入盐、酱油、红曲、八角、姜等。盖上锅盖，大火煮开，后转为小火焖 1 小时左右。

加入佐料

大火收汁

③ 大火收汁，翻炒均匀后就可以出锅了。此道菜颜色红艳，味道鲜美。

出锅装盘

为什么红烧肉色泽红亮且美味呢？这主要归功于红曲和烧制过程中发生的多种奇妙的化学反应。

红曲是由红曲霉发酵形成的。红曲霉发酵可产生多种代谢产物，呈红色的主要是红曲色素。它热稳定性好，不易受酸、碱和金属离子的影响，对蛋白质的着色性能极好，因此能赋予肉制品和豆制品特有的“肉红色”。

红曲米

红曲霉在生长过程中还能产生多种酶类，如淀粉酶、蛋白酶、糖化酶等。当红曲用于肉制品着色时，其中的蛋白酶能将肉中的蛋白质分解成多肽、氨基酸等小分子化合物。因此，制作红烧肉过程中加入红曲，可以使肉质更加细腻，口感滑爽。

在肉红烧的过程中，糖对肉的着色也发挥了重要作用。一是糖在高温条件下脱水生成焦糖；二是糖中的羰基和蛋白质中的氨基化合物间复杂的化学反应，最终生成棕色物质，这也被称为“美拉德反应”。

## 实验探究不同温度下糖的变化

取3个小碟子，各放10克白砂糖，分批放进烤箱，分别用150°C、180°C和200°C烤10分钟左右再取出。可以发现温度越高，糖的颜色越深，并且有一种香味。这是由于糖在高温条件下会发生一系列焦糖化反应，生成小分子的香味物质。

不同温度下的糖

在中国，红曲既是重要的食物色素，也是具有活血化瘀、健脾消食等功效的药食两用的中药。

红曲在国际上引起重视还要追溯到20世纪70年代。1979年日本生物化学家远藤章教授从红曲发酵液中发现并分离得到莫纳可林（Monacolin-k），这是一种能显著抑制体内胆固醇合成的活性物质，对心脑血管疾病的防治与保健有显著功效。他的发现引起了全世界科学家对天然红曲的广泛关注，促进了降胆固醇药物他汀类药物的发展。2008年，他获得了拉斯克医学奖。

随着人们逐渐认识到红曲的药用价值，以及人工合成色素致畸、致突变的潜在危险，很多天然的红色素稳定性差，且从动植物中提取的生产成本高，因此天然红曲色素日益受到人们的重视。它只要通过微生物发酵就可以得到，并且大规模生产成本低。

将红曲应用于调味品，既可改善调味品的色泽，又赋予调味品特有的风味，还有一定的保健功能。例如，欧

红曲年糕

红丝绒蛋糕

洲有不少国家将红曲添加到肉制品中，代替肉制品中原先有致癌风险的发色剂——亚硝酸盐。

红曲作为一种天然红色素，目前已被广泛用于果茶、糕点、饮料、糖浆加工中的着色。

虽然红曲色素的应用已经发展了约两千年，但是目前红曲色素中部分成分结构尚不明确，并且红曲中的桔青霉素可能对肝脏造成损害等，还需从分子水平进一步研究红曲色素，从生物合成途径上来遏制或者减少桔青霉素的产生，提高红曲色素的稳定性。这些都是未来红曲色素的研究方向。

# 茶染

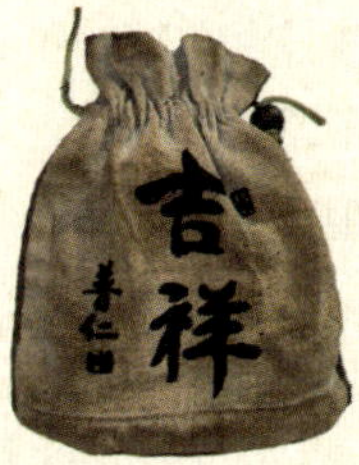


染料坊

# 探文化之源

中国是茶的故乡。自古以来，文人好茶，诗人诵茶。北宋文学家范仲淹所作的《和章岷从事斗茶歌》中“黄金碾畔绿尘飞，紫玉瓯心雪涛起。斗余味兮轻醍醐，斗余香兮薄兰芷”，这几句描述了斗茶时的景象以及茶的味道和香气。在漫长的历史过程中，中国形成了独特的茶文化。

陕西咸阳汉阳陵出土的古代茶叶作为皇帝的陪葬品，距今有2100多年。2016年，汉阳陵出土的茶叶获得吉尼斯世界纪录认证，成为目前为止“世界最早的茶叶”。2021年，山东济宁邹城邾国故城遗址战国墓出土的茶叶又把茶叶种植的历史向前推进了300年。可见，中国茶叶历史之悠久。

汉阳陵出土的西汉茶叶标本

辽墓备茶图

唐代陆羽的《茶经》是中国乃至世界现存最早、最完整、最全面的茶学专著，被誉为“茶叶百科全书”，是一部关于茶叶源流、生产技术、饮茶技艺、茶道原理等的综合性专著。

陆羽雕塑

茶不仅可以饮用，可入药，还可作为染料。用茶叶作为染料对天然纤维进行染色，会形成深浅不同的棕褐色，包括从浅棕色到蓝黑色等不同色调。茶染的颜色虽不似其他植物染料那般鲜艳，却古色古香，因质朴素雅的特性耐人寻味。

茶染的手袋

茶染的丝巾

究竟是谁最早发明了茶染不得而知，但古代史志中有不少用茶叶染物的记载。用茶水染色最早的历史记载见于五代后晋时期和凝父子合著的案例集《疑狱集》，书中记载有官吏用茶水染纸，使它看起来像陈年的纸，进而伪造地契企图骗取邻家的土地。最终县令根据茶染的纸张表里如一，而年久的纸张应该里面更白一些这一细微差别，识破了这个诡计。说明那时已经用茶染纸了。

古人用茶染的物品多种多样，除染纸外还染布帛、棉纱，其中染布最多。元代的《居家必用事类全集》中记载了各种染布的方法，其中“染砖褐法”条中有“用红茶染铁浆轧之”，指的是用红茶染色后再用铁浆浸轧，就可得到砖褐色的布。

元末明初的《墨娥小录》“染色布”中有记载：“老茶叶晒燥，煎浓汁，去脚。黑豆壳煎汁，入绿矾少许，和茶叶浓汁中，搅匀染物。”大概意思是：把老茶叶煎浓汁，再把黑豆壳煎浓汁后加入少量的绿矾（即硫酸亚铁），然后把两种浓汁混合在一起，搅匀后染布，可以得到莲子褐色。

践

古人之行

关于古代茶染工艺的史料记载都比较简略，其中最原始也最简单的方法是水萃取法，就是将茶叶沸煮后提取煮汁为染液。

想不想亲自试一试茶染呢？那就让我们开始吧。

## 1 浸泡布料

将需要染色的棉布浸入清水中，沸煮 20 分钟，褪去布中的胶和工业漂白时遗留的化学试剂。取出棉布沥干，备用。记住哦，布料选用棉、麻、丝这三种材质，染色效果比较好。

浸泡布料

## 2 制作染料

取 1 克茶叶放入约 300 毫升清水中，沸水煮 30 分钟左右，煮好后滤去茶渣。在茶汤中加入媒染剂，搅拌之后即可染色。媒染剂不同，染色效果不同。若想染茶汤原色可加明矾作为媒染剂，若想染黑色可加绿矾。

放入茶叶

沸煮茶叶

放入不同媒染剂

## 3 折样捆扎

将煮好的棉布随意折叠，然后用棉线、皮筋、夹子等工具固定，捆扎出你想要的图案。捆扎的部分在染色时不会着色。如果只染纯色无图案的，这一步骤可以省略。

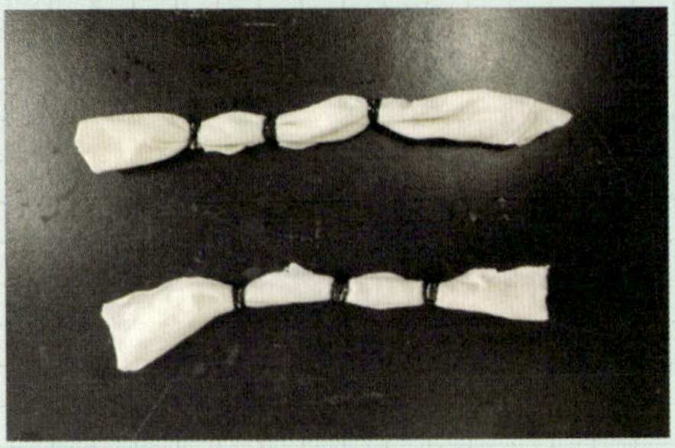

捆扎

## 4 染色

将棉布浸入染料中，保持60℃左右水温，浸染30分钟左右，注意要经常搅拌以使染色均匀。取出染布，用清水冲洗后晾干。这样，一个简单的茶染作品就完成了。

将布浸入染料

浸染

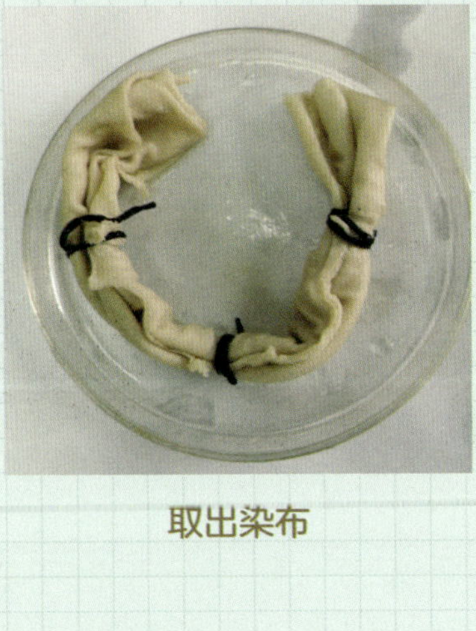

取出染布

不同茶叶对应的茶汤、染布颜色如下，依次为绿茶、红茶、普洱茶、绿茶加绿矾的茶汤。

绿茶茶汤

红茶茶汤

普洱茶茶汤

绿茶加绿矾的茶汤

染布效果 1

染布效果 2

染布效果 3

染布效果 4

# 析 科技内涵

茶叶能够用于染色，其实多亏了茶叶中的一种化学物质——茶多酚，其结构中含有大量的酚羟基，可与丝绸中的蚕丝蛋白、棉麻类织物中的纤维素分子形成氢键和疏水键，从而形成比较牢固的结合。茶多酚分子与染布纤维分子发生化学结合的过程，就是茶染上色的过程。

茶染所得的颜色大致分为三类：黑色系、褐色系、黄棕色系。染色的主要物质是茶多酚，但是结合到布料上的茶多酚会因自身的显色特点而赋予布料不同的色泽。

一是与茶水中茶多酚的氧化程度有关。茶多酚在接触空气、水以及高温条件下，容易氧化为一系列棕褐色的聚合产物。茶多酚的氧化非常复杂，氧化程度不同，所得产物也不同，显色也就各不相同。

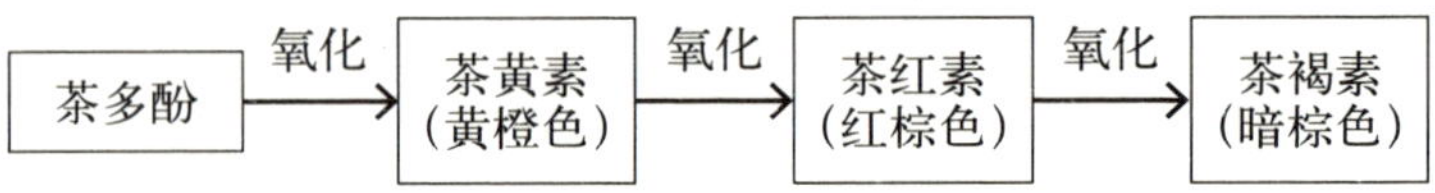


茶多酚的氧化

不同种类的茶叶作为染色原料会影响到染色效果，如绿茶未经发酵，茶多酚未发生氧化，因而染色后色泽较淡。而红茶在发酵过程中茶多酚发生了氧化，产生了较多的茶黄素、茶红素，因而染色后色泽较深。一般来说，染色时间越长，温度越高，生成的茶褐素越多，染得的颜色也会更深、更暗。

不同种类的茶叶

二是与茶水中茶多酚的含量有关，茶多酚越多，颜色越深。

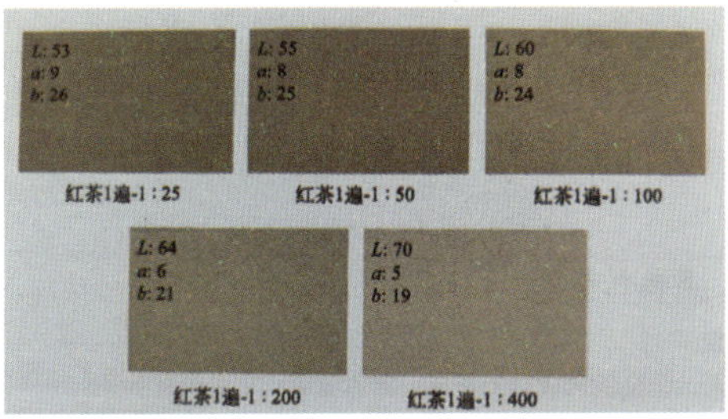


不同浓度的红茶对蚕丝染色的效果图

三是与染色中所加的媒染剂有关。若在茶水中加入含铁质的媒染剂绿矾，其中的鞣酸就会与铁离子发生反应形成黑色的物质，茶染的颜色就是蓝黑色的。

未加绿矾的茶水，呈现茶多酚本身的黄色

加入绿矾 →

茶水加入绿矾，生成了蓝黑色的物质

染色中加入媒染剂

茶染所得的一系列褐色，有时是以上原因中两种原因一起作用的结果。如“染砖褐”的“用红茶染铁浆轧之”，就是先用红茶将织物染成棕色，然后在加入绿矾的黑色茶水中浸轧，少量黑色与已染的棕色复合，最终得到砖褐色。

当然，选择的织物不同，染色效果也会不同。一般来说，纤维组织稀疏的织物上色效果会强于纤维组织较为厚密的织物。以丝、棉、麻为例，在相同的条件下，丝着色强于棉和麻。

为了使茶染的图案更加美观，古人在茶染中使用了扎染技艺。扎染，即运用纱、线、绳等工具，采用扎、缝、缚、缀、夹等多种方式对织物进行染色，在染色时织物结扎起来的部分便不会着色。

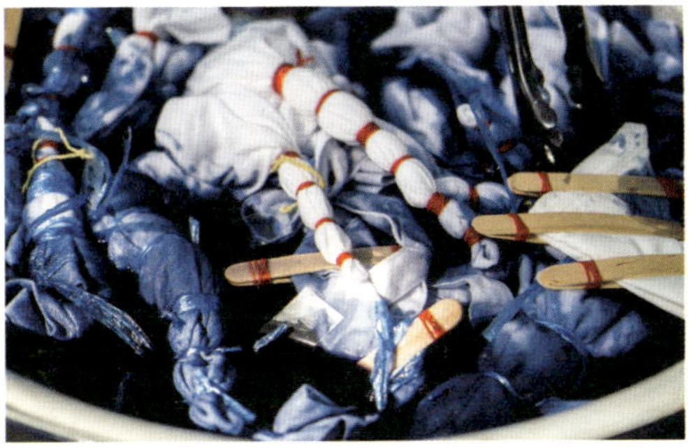
扎染技法

茶染织物

古代的茶染技术不但不易上色还容易褪色，为了使之更好地应用于工业生产，人们对茶染工艺进行了改进，优化提取茶叶染料的方法，染色时确定合适的温度、溶液的酸碱度与媒染剂。

茶染产品因其宁静柔和的色泽、持久淡雅的清香，以及亲肤、除臭、防过敏的特性，日益受到人们喜爱。

茶染玩偶

茶染顶棚装饰

青城茶染技艺于2024年列入成都市第九批非物质文化遗产代表性项目，人们在传承的基础上对传统的茶染技艺进行发展创新，在茶叶中加入栀子、苏木、茜草等植物，使得茶染的颜色更加丰富。

在茶叶中加入栀子、苏木、茜草等

茶染的服装

茶染的布匹

近年来，除了实用价值，茶染的艺术价值也开始受到关注。茶染技艺与书画艺术相互碰撞，以茶代墨，以染技代替书写、绘画，在传承传统技艺的同时开拓出新的艺术领域。

茶染书法

# 黄纸

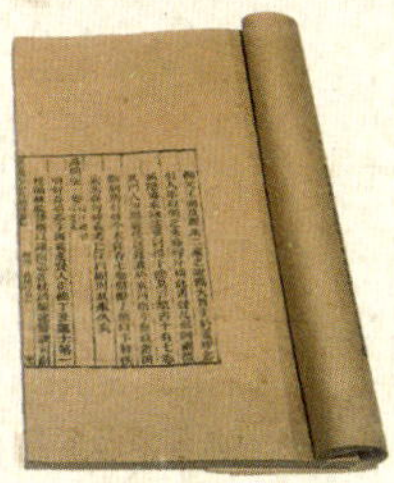

染料坊

# 探文化之源

中国古代特别崇尚黄色，黄色被看作君权的象征。这起源于古代农业文明的“敬土”思想。按照中国的阴阳学说，黄色在五行中为“土”，这种“土”是在宇宙中央的“中央土”，在五行当中“土为尊”。此后这种思想又与儒家大一统思想糅合在一起，与“正统”“尊崇”联系起来，为君主的统治提供了“合理性”的论证。此后黄色被视为至高无上的颜色，象征中央皇权和大地。自隋唐以来，黄色逐渐成为皇帝的专属颜色，普通百姓不得使用。

在唐宋时期的文学作品中，柘黄或赭黄的衣袍便成为天子的代称。“柘黄”，一般是用柘木汁染的。柘

北京故宫皇极殿

树的树汁呈赤黄色，染在布上不褪色。

四川博物院清代蜀绣

若纸被染成黄色，还有一个很神奇的功能，就是“纸寿千年”。比如我国一些珍贵的古籍、书法、绘画、档案保存了数千年，至今完好无损，用的都是黄麻纸。如西晋文学家陆机是吴郡吴县（今江苏苏州）人，他的书法作品《平复帖》是我国现存最早的书法作品，素有“中华第一帖”的美誉，是响当当的镇国之宝。它使用的就是黄麻纸，距今已有1700余年，仍保存完好。

黄纸怎么会有这种神奇的功能呢？原来黄纸是将纸张浸渍在黄檗溶液中，然后晾干而成的。染过的纸颜色发黄，故称为“黄纸”。由于古代用的多是麻纸，又称“黄麻纸”。它质地粗厚，耐久防蛀。麻纸用黄檗汁染色，古代称为“入潢”。现代的“装潢”一词也由此演变而来。

葛洪画像

黄麻纸的发明者据说是东晋著名的炼丹家和医药家葛洪。相传，葛洪有一次去野外采集药材，看见一个药农正在剥离黄檗树皮，便问起缘由。药农说，这种黄色的树皮能够杀灭小虫子。葛洪听了半信半疑，便随手采了一些拿回去做试验。一开始，他把树皮放到屋角落有虫子飞舞的地方，却不见效果。于是他把树皮捶碎，用水煮开，产生了一种黄色的汁液，再将白麻纸在汁液中浸渍，然后放到阴凉处晾晒。结果得到的黄色纸具有驱虫作用，而且能保存更长的时间。

“绢寿八百，纸寿千年。”如今的古籍，不论是传世的还是出土的实物，都证实了黄麻纸的地位。东晋黄麻纸的发明，彻底解决了东汉“蔡侯纸”疏松、易腐烂等各种“短板”，取代了缣帛、竹简成为主要书写工具。特别是黄麻纸具有美观、防虫避蠹等特殊功效，可以长期保存。从晋代开始，朝廷珍贵的文书、经卷、诏书等多用黄麻纸。

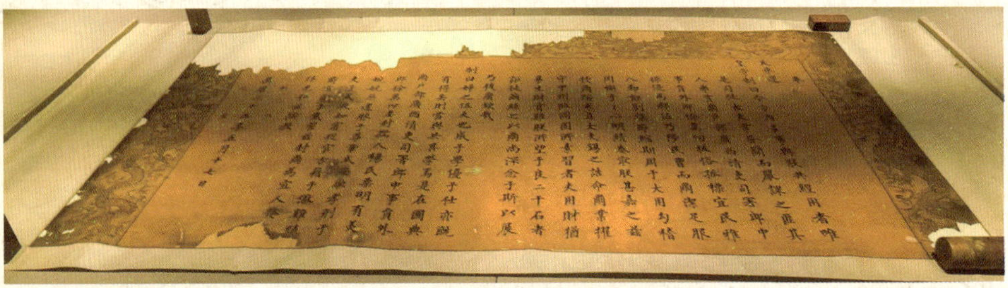

福建浦城县博物馆珍藏的明代圣旨

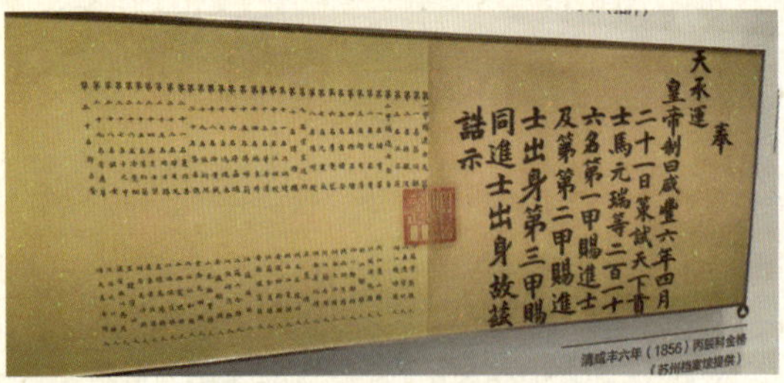

清咸丰六年（1856 年）丙辰科金榜题名
（苏州状元博物馆）

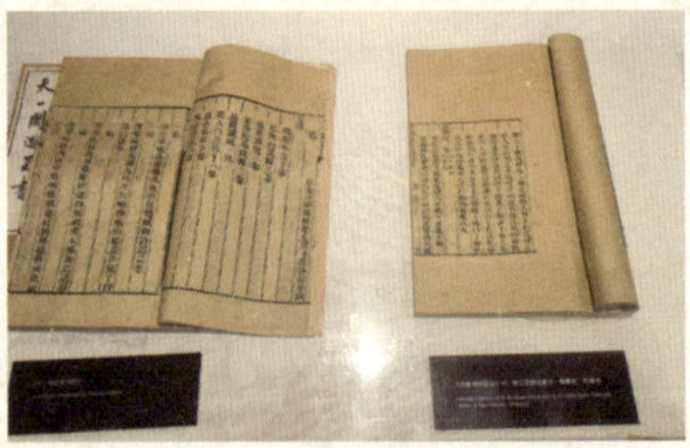

宁波天一阁《四库全书》目录

我们用废旧报纸作为原料，模仿古人制作黄纸。

所需仪器和原料

实验所需仪器为水盆、榨汁机、筛网、广口瓶。所需原料为废旧报纸、黄檗（也可用黄连）、过氧化氢溶液（可用医用双氧水代替）。

## 1 浸泡废纸

将一张废旧报纸撕成面积约为3平方厘米的小纸片，将其浸泡在盛满水的水盆中，浸泡24小时左右。

浸泡废纸

## 2 制作黄檗汁液

取20克黄檗（或黄连），加水，加热，用倾斜法倒出汁液，汁液放于杯中待用。

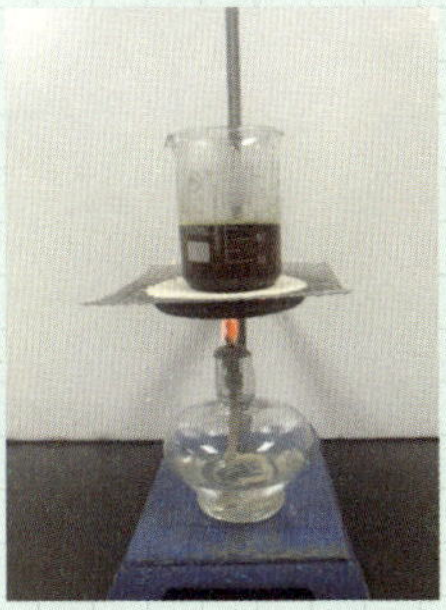

加热

黄檗汁液

## 3 纸浆制作

将浸泡后的废纸屑放入榨汁机中，充分粉碎得到纸浆。

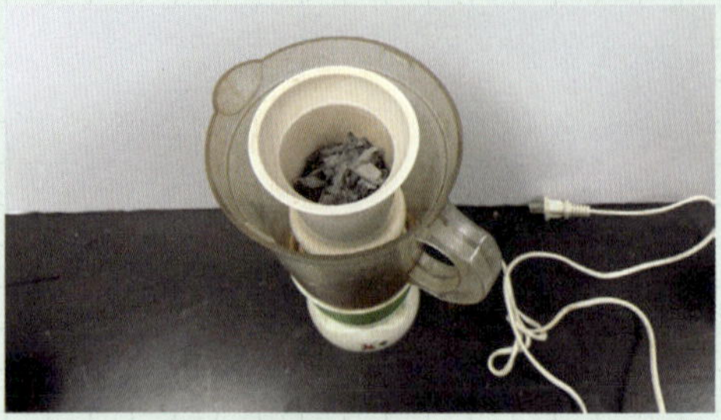

制作纸浆

## 4 纸浆漂白

将粗纸浆倒入水盆中，加入过氧化氢溶液淹没纸浆，静置 12 小时，充分漂白。

漂白纸浆

## 5 纸浆除杂

在漂白后的纸浆混合液中加入适量清水，用筛网多次过滤、洗涤，除去纸浆中的可溶性杂质以及过量的过氧化氢。

纸浆除杂

## 6 纸浆染潢

向清洗过的纸浆中加入黄檗汁至溶液呈现明显黄色，充分搅拌，持续 15 分钟。

纸浆染潢

## 7 黄纸过筛

戴好橡胶手套，将筛网按压至水盆底，轻微抖动，至筛网上有一层较薄的纸层，缓慢将筛网移出水盆。筛网上的纸层要完整，不留空隙；可能会有气泡，是由于未除净的过氧化氢产生的。若有气泡，应重新筛纸。

黄纸过筛

## 8 晒干脱模

将带有纸层的筛网置于通风处，充分晾晒24小时。待纸层完全干燥后，从边角开始慢慢揭下纸层，即可得到黄纸。

晒干脱模

黄纸成品

析

科技内涵

纸张的主要成分是纤维素，能吸收空气中的水分，有较强的吸湿性，容易产生霉变。霉变使得纤维的水解速率加快，进而腐烂。

放大后的纸纤维

霉变腐烂的纸

小檗碱

黄纸因其含有的小檗碱具有驱虫、抗菌作用而能长久保存。小檗碱也叫黄连素，为黄色针状结晶，味苦。它是从中药黄连、黄檗等植物中分离出来的一种季铵生物碱，是黄连抗菌的主要有效成分。小檗碱在植物界中的分布较广，大约有4个科10个属内发现有小檗碱存在，包括黄连、黄檗等。

黄连，又叫味连、川连、鸡爪连，多年生草本植物，其根可入药，入口极苦，因此有“哑巴吃黄连，有苦说不出”的俗语。

黄连的根

黄檗又名黄柏，为芸香科植物，其树皮中含有小檗碱、棕榈碱和黄柏碱等化学成分。

黄檗

黄檗的树皮

小檗碱可溶于水，在热水中溶解度更大，在酒精中微溶。因此只要将黄连或黄檗皮在水中加热，就可以制得可染色的汁液。

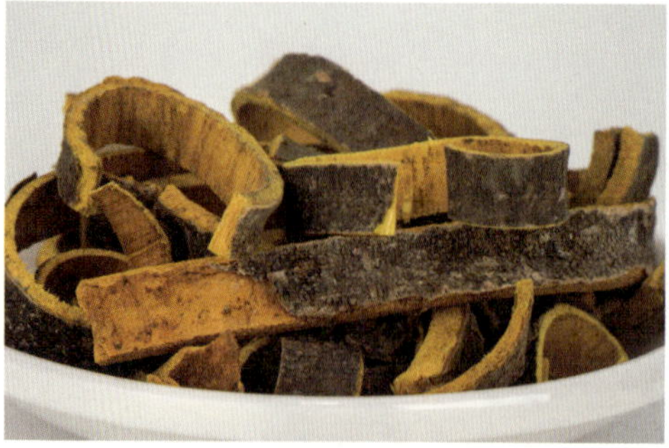

黄檗皮

黄檗茶

黄连、黄檗都性寒、味苦，具有清热、泻火、解毒之功效。中医主要用于治痢泻、赤肿、口疮、黄疸等疾病。用黄檗汁液制的纸，也有明显的抗菌性。且吸收了黄檗汁的纸不易受潮发霉，这是因为黄檗会填充在纤维的空隙中，在纸张表面形成疏水层，大大降低了纸的吸水性，从而提高了纸张的强度。

现在的档案盒或档案纸一般是使用无酸纸加工制作的，颜色可以是白色的，也可以是黄色的。这些纸具有较高的抗水性和平滑度，以及一定的防老化、防虫、防霉性能，可以长期保存不变色、不老化，对环境有良好的适应性。

信封

无酸纸做的档案盒

为什么要强调“无酸”呢？这是因为现代工业机制纸为了提高生产效率，大部分采用木材作为原料。而为了让木材这种不是特别优良的制纸原料造出满足需求的纸张，就需要经过复杂的流程，比如加入强酸等制成纸浆，加入漂白剂漂白，加入明矾、松香等填料，因此纸张是偏酸性的。而酸对纸张的破坏非常大，直接影响纸张的寿命。无酸纸采用合成的非酸性施胶剂并在纸浆中添加碳酸钙（温和的碱性缓冲剂），使得纸张的强度变大，使用寿命延长。

现在小檗碱药品通常制成盐酸盐或硫酸盐，主要采用合成方法生产，且在临床上有广泛用途，不仅具有广谱抗菌性，还具有降低血中胆固醇和甘油三酯的功能、抗心律失常的作用。我国小檗碱新功能及其机理的研究受到国际同行的高度重视和评价，使中国中医药再次得到关注，也标志着中国天然药物研究正逐步取得领先世界的成就。

# 青团

染料坊

# 探 文化之源

在清明节，无论是扫墓祭祖还是郊游踏青，总少不了青团的身影。碧绿的颜色、青草的香气，咬上一口满满都是春天的味道。

清明牧春

青团

崇尚青色，是中国文化普遍的一种现象。古人认为物与物是相通的，古代的青色有时代表蓝色、黑色等多种颜色，但最多的是代表绿色。绿色是一种与自然、生命相通的颜色，源于对先人的怀念、对生命的尊重。食青、踏青成为清明节的重要内容。

清明时节吃青团，是味蕾上的享受，是情感的寄托，更是诗意的体现。不少诗词古文中有关于青团的记载。

相传百五禁烟厨，红藕青团各祭先。——《吴门竹枝词》（清，徐达源）

其米食用青白圆子，亦寒食遗意。——《杭州府志》

市上卖青团、熟藕，为居人清明祀先之品。——《清嘉录》（清，顾禄）

青圆，捣夹麦青、菜、草为汁，和粉作圆，色如碧玉。——《调鼎集》卷九（清，童岳荐）

在清明前后吃青团的食俗，可追溯到两千多年前的周朝。据《周礼》记载，当时有“仲春以木铎修火禁于国中”的法规，即老百姓在清明期间的三天要熄火禁炊。这样就需要一些到时可直接食用又耐饥的食物，糯米酪、麦酪等就成为当时的节日充饥食品。虽然没有确切的记载说古人何时开始在这些食品中加入草汁，但采用青艾、雀麦草汁等和糯米粉制作青团，流传已有近千年。

青团在各地有着不同的称谓，形状也有所不同，但祈求健康、团圆、丰收的美好寓意却是一样的。

江苏苏州青团

安徽蒿子粑粑

福建武夷山清明粿

浙江金华清明饺

成都艾蒿馍馍

广西瑶族艾粑

除了色泽美、味道好、寓意佳，吃青团也是一种强身健体的好方法。《本草纲目》引《荆楚岁时记》记载："三月三日，取鼠曲汁，蜜和为粉，谓之龙舌料，以压时气。土人采茎叶和米粉，捣作粑果食。"这是因为南方春季气候湿热，人容易生病，而艾叶、鼠曲草等植物在中医里可以理气血、逐寒湿。用青团食疗是一个好方法。

清代袁枚的《随园食单》记载："捣青草为汁，和粉作粉团，色如碧玉。"染色用的青汁可以用不同的绿色植物榨取，馅料也可以随自己的口味自由选择。

一起来做美味的豆沙馅青团吧！

## 1 制作豆沙馅

取红小豆 500 克，浸泡后放入锅中煮烂。将煮烂的红豆倒入搅拌机中打成细沙，取出红豆沙，在锅中加入食用油翻炒至黏稠，可加入适量白糖。炒好的红豆沙放凉备用。

将红豆煮烂

打成细沙

锅中翻炒

盛出备用

## 2 制作青汁

以象草为例，取 500 克象草清洗干净。叶子放入榨汁机内，加清水搅碎，榨出青汁。将青汁倒入煮锅中，可加入一茶匙小苏打，以保持颜色鲜亮。大火烧开，盛出备用。

象草榨汁

盛出青汁

## 3 蒸制青团

取糯米粉 250 克，将青汁趁热倒入糯米粉中，搅拌和面。取一个小面团搓成丸子状，用大拇指按压出一个深坑，放入豆沙，揉捏封口，搓成圆团。将搓好的青团放入垫有纱布的蒸锅中，大火蒸 7 分钟左右，青团制作完成。

和面

封口

放入蒸锅

青团成品

制作青汁的绿色植物有很多种。从颜色的角度看，不论是用哪种绿色植物做青团，都是利用了这些植物的天然绿色色素——叶绿素。

放大不同倍数的树叶（放大倍数依次增大）

要使烹饪后的食物保持绿色并不是很容易，这与呈色的叶绿素性质不稳定有关，光、酸、氧气等都会使其变化而发生变色。其中叶绿素的脱镁反应是最常见的，使得绿色蔬菜在烹饪后颜色变深，长时间会变成褐色。但我们的祖先在制作青团时很有智慧，传统制作中煮绿叶时会加入少量石灰水，现在是在青汁中加入少量食用碱，这都是利用它们的碱性抑制叶绿素的脱镁反应，使得青团在较长时间蒸制后绿色依然鲜亮。

碱对青团颜色的影响

青团因加入青汁蒸制，色如碧玉，吸引眼球，同时也增加了青团的营养价值。因为叶绿素与血红素结构相似，可提高人体免疫力；植物提供的各种维生素，可维持体内酶的活性，从而延缓衰老。有些植物还具有药用价值，如江浙一带常用艾草制青汁，中医认为艾叶味辛、苦，性温，归肝、脾、肾经，具有温经止血、散寒止痛、调经安胎的作用，而这与艾叶的化学成分有关，其中的挥发油、黄酮类、鞣质类、酸性多糖类、绿原酸等具有抗氧化的作用。

艾草

青团的馅多种多样，不同口味的馅料使青团的营养成分更加全面。例如甜口的有豆沙馅、芝麻馅等，豆沙中的皂苷可以激活肠道，膳食纤维可以润肠通便；芝麻中的亚油酸可以调节胆固醇，维生素E可以使皮肤白皙润泽。咸口的则有萝卜丝馅、蛋黄肉松馅等，萝卜中的芥籽油可以促进胃肠蠕动助消化，维生素C可以增强免疫力；蛋黄中的叶黄素和玉米黄素可以延缓眼睛的老化，卵磷脂被人体消化后可以释放出胆碱从而增强记忆力。所以无论是青团皮还是馅，都具有丰富的营养价值。

## 观后续发展

20世纪纪初，德国化学家理查德·威尔斯泰特采用当时最先进的色层分离法，试图提取绿叶中的物质。经过10年的艰苦努力，他用成吨的绿叶，终于捕捉到了叶片中的神秘物质——叶绿素。由于成功地提取了叶绿素，威尔斯泰特于1915年荣获了诺贝尔化学奖。

自从叶绿素的神秘面纱被揭开，人们发现叶绿素虽然染色效果显著，但是在自然环境中很不稳定，无法直接大量使用。随着技术的发展，人们研制出了许多叶绿素系列衍生物来替代叶绿素本身。这些衍生物同样呈鲜亮的绿色，有很好的染色效果，而且对光、热等外部条件的稳定性远胜于叶绿素，因而被广泛应用于食品工业和日用化学工业。例如叶绿素铜钠就被用于汽水、糖、糕点等食品的着色，以及香皂、润肤水、衣物等日常用品的着色。

饮品

棒棒糖

甜点

手工皂

除了用于染色，对叶绿素药用价值的开发也越来越多。叶绿素具有改善便秘、降低胆固醇、抗衰老、排毒消炎、抗贫血、保肝等作用。以叶绿素为原料研制的叶绿素铁钠盐可以治疗缺铁性贫血，叶绿素钴钠盐可以提高白细胞水平，叶绿素锌钠盐可以增强智力和记忆力，叶绿素铜钠盐更是生产治疗肝炎、胃病及十二指肠溃疡药物的重要原料。

# 窑变

染料坊

探 文化之源

“晕如雨后霁霞红，出火还加微炙工。世上朱砂非所拟，西方宝石致难同。”——乾隆《赏钧红》

铜釉瓷器因窑变呈现不同的颜色

钧窑，以钧瓷的窑变艺术魅力成为诸窑之冠。它，乳光莹润，似玉非玉胜于玉；它，质地淳厚，开片声似琴如铃；它，色彩奇幻，意境幽远绝世无双。

“入窑一色，出窑万彩。”钧窑瓷器色彩如此艳丽和多变，令帝王和诗人们对它赞不绝口。它色彩交融，或似美玉，或似雨后虹霞，或似深峡飞瀑。朦胧隐约，引人遐思无穷。

钧窑瓷器是世界上最著名的自然窑变类瓷器之一。窑变，主要是指瓷器在烧制过程中，由于窑内温度发生变化导致其表面釉色发生的不确定性自然变化。由于这些瓷器大多绝世无双，弥足珍贵，唐朝时曾下令“钧不外流”，到宋徽宗时又诰封“神钧宝瓷”，列为“御用珍品”，每年钦定生产36件，其余全部砸碎深埋，禁止民间收藏，所以当今传世的宋代钧瓷作品不足百件，如今，收藏界有“纵有家财万贯，不如钧瓷一片”的说法。

元代钧窑瓷器（苏州大学博物馆）

宋代钧窑红斑胆瓶
（苏州博物馆）

宋钧窑鼓钉三足洗
（苏州博物馆）

古人对窑变有很多的记载。如宋代《清波杂志》说："饶州景德镇，陶器所自出，于大观间窑变，色红如朱砂，谓荧惑躔（chán）度临照而然，物反常为妖，窑户亟（jí）碎之。"当时的陶工从来没有看见过这种现象，觉得不可思议，于是就从迷信的角度来理解，认为它是"妖"，偶尔烧制的窑变釉瓷多被捣毁。但久而久之，窑户们反而发现其形态极美，于是不断摸索。钧瓷的窑变瓷器是北宋瓷艺最高工艺水平的体现。到清代生产的窑变釉，虽不是有意预定为某种色泽，但已经能人为地配制釉料，较好地控制火候，如康熙时期创烧的豇豆红、苹果绿等釉色瓷器品种，是窑变瓷器的极品。

践

古人之行

钧瓷的制作工艺十分复杂，烧制工艺也各不相同，但颜色的变化都与釉料中金属离子的颜色变化有关。让我们在老师或家长的指导下做些小实验，了解窑变中的颜色变化。

### 实验1

取少量碱式碳酸铜于蒸发皿中，加热，其颜色由绿色逐渐变成黑色。蓝绿色碱式碳酸铜分解为黑色的氧化铜。

加热前

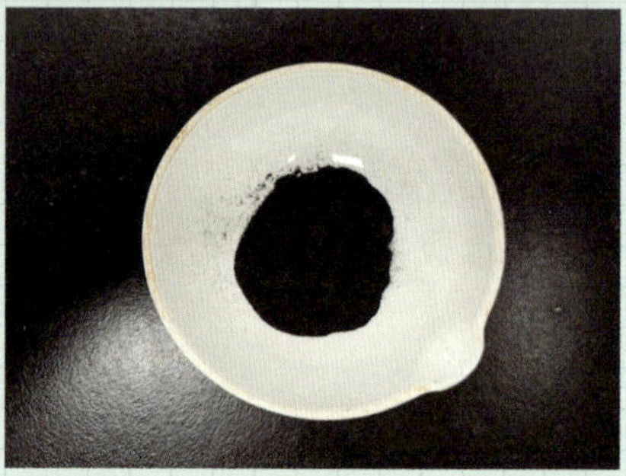

加热后

### 实验2

分别取少量上述加热后的黑色粉末于两支试管中，一支加入少量稀硫酸，另一支加入少量浓盐酸，可以看到溶液的颜色不同。氧化铜与硫酸反应生成蓝色的硫酸铜，与浓盐酸反应生成绿色的四氯合铜酸。

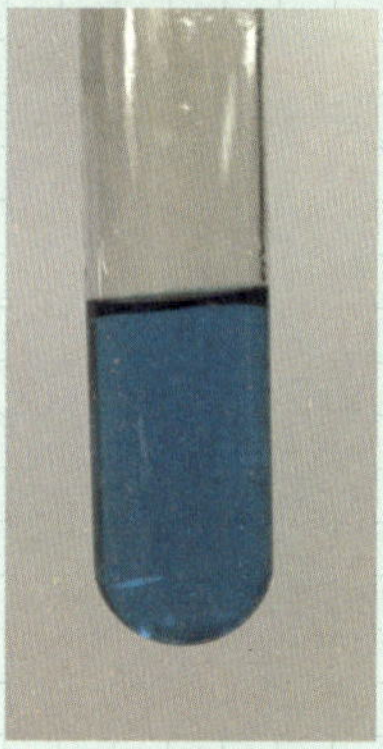

生成硫酸铜

生成四氯合铜酸

### 实验3

在硫酸铜溶液中加入少量稀氢氧化钠溶液，生成蓝色絮状氢氧化铜沉淀。再加入过量的氢氧化钠和少量葡萄糖溶液，加热，生成砖红色的氧化亚铜沉淀。

氢氧化铜沉淀

氧化亚铜沉淀

### 实验4

将锌片投入稀硫酸铜溶液中，片刻后取出，生成的红色铜附着在锌片的表面。

红色铜附着锌片

析

科技内涵

先秦时期的《周礼·考工记》有“天有时，地有气，材有美，工有巧，合此四者，然后可以为良”，钧窑窑变器皿的美轮美奂充分说明了这一点。我们的古人也认识到了这一点。《景德镇陶录》认为，窑变之器“二为天工，一为人巧。其由天工者，火性幻化，天然而成……；其由人巧者，则工故以釉作幻色物态，直名之曰窑变，殊数见不鲜耳”。即“天工”是由于火烧时性质不稳定，而“人巧”是由于制作瓷器的釉料不同。

放大十倍的窑变瓷器釉面

钧瓷所用矿物原料大多为河南省中部禹州所产，储藏量大。这些原料成分复杂，含有多种微量元素，本身多带有不同的颜色。研究表明，钧瓷釉料属富含磷的高硅酸质玻璃，在烧制过程中会出现熔融的液体，使釉具有乳光效果，且釉面产生多变的纹路和肌理。

釉中的主要着色剂铁和铜属多变价元素，对烧成时的气氛变化极为敏感，随着气氛的变化，其着色情况也在不断变化，从而赋予钧釉更为复杂的窑变色彩。如铜在氧化焰下呈现2价，是蓝色或绿色；在还原焰下，铜可还原到1价，甚至0价，姹紫嫣红。钧窑在烧成上采时是用素烧和复烧两道工序。在复烧时先用氧化焰，当釉熔融时改用还原焰的气氛，由于铜的还原作用，使其呈现出美丽的艺术效果。

而石灰碱入釉是导致颜色变化的间接原因。如果用放大镜观察钧窑瓷器的釉面，不难发现，这种纤维状结构主要是显色部分，而纤维状结晶和玻璃状均质结晶（就是不显色部分）之间有很大的气泡，这些气泡有不少突破釉面，造成钧窑瓷器釉面呈现橘皮棕眼状，使光在釉面出现散射，使得钧窑窑变颜色的层次感更加丰富。

钧瓷釉面放大图

钧窑瓷坯要先经素烧再复烧，釉层较厚。在烧造过程中，里面含有多量的磷酸钙物质，焙烧时釉层断裂，釉料沸腾滚动。由于各种元素密度不等，釉面沸腾时，密度较小的元素向上翻滚，密度较大的元素如铜、铁则向下流淌，在釉层里形成深色的沟槽。窑变慢慢熄灭，釉面逐渐停止沸腾，高低补齐之后，釉层里往往出现不规则的流动线条，屈曲蜿蜒，如“蚯蚓走泥”，富有创造性，风格独特。

钧瓷颜色还与烧制过程中的其他影响因素有关，如装窑时产品摆放位置的不同、装窑产品的稠密与稀少、烧窑时所用燃料质量的优劣、还原气氛的轻重、烧成温度的高低、烧成时间的长短、住火后冷却速度的快慢、气温的变化以及烧窑工技术水平的高低等，这些都会使钧瓷产生不同的窑变效果。

# 观后续发展

钧瓷始于唐，盛于宋，为中国宋代名瓷之一，与汝瓷、官瓷、哥瓷、定瓷共称中国五大名瓷。由于宋代规定只许官窑烧制钧瓷，钧瓷的地位达到登峰造极的地步。随着南宋的灭亡，工匠们因战乱流离失所，宋钧官窑也不复存在。

金元时期，由于钧窑的独特风格深受人们的喜爱，加之宫廷垄断的解禁，使其得到了迅速的发展，影响遍及河南、河北、山西、内蒙古等地，在我国北方形成一个规模宏大的钧窑体系。明清时期，钧窑风格影响到南方，出现了各种仿钧的瓷种，如广东佛山的“广钧”，宜兴的“宜钧”，景德镇的“祭红”“釉黑红”“卢钧”等，以及受钧釉影响而创新出的各种高温颜色釉。

祭红釉胆瓶
（陕西渭南市蒲城县博物馆）

清蓝釉双兽耳琮式瓷瓶

新中国成立后，在周总理的关怀下，老一辈的钧瓷专家通过对钧瓷的理论研究、生产实践和科学实验，最终于1958年在倒焰形钧瓷窑炉中用还原焰烧制出了绚丽多彩、晶莹如玉的钧瓷制品，古老钧瓷传统工艺得到发扬光大。1964年，周总理参加日内瓦国际会议，向有关国家领导人赠送的礼品中就有钧瓷艺术品。

现代钧瓷起源于1994年，成熟于1998年，以液化气梭式窑烧制，是当代钧瓷的主流。以现代科学技术结合传统钧瓷的生产工艺，大胆改进燃料、釉方、施釉烧成等工艺，造就了清新亮丽、意境丰富的现代钧瓷。从2003年到2018年，每一年的博鳌亚洲论坛国礼都是一件精心烧制甄选的钧瓷，受到了博鳌亚洲论坛官方以及与会各国政要的追捧和高度认可。

其中也有部分钧窑恢复柴烧工艺，通过现代方法研究发现，钧瓷烧成时正是由于温度、气氛以及气候等的影响，烧成后的产品才具有色彩斑斓、变化万千的窑变效果，这也使得宋代的制钧烧成秘密得到破解。2008年，钧瓷烧制技艺入选国家级非物质文化遗产名录。

现代窑变瓷器

如今，一炉窑火千年不熄，钧瓷已经成为促进华夏文明传承创新、推动国际经济文化融合交流的一张靓丽名片。

# 靛蓝

染料坊

# 探文化之源

"青，取之于蓝，而青于蓝"是我们耳熟能详的名句，常用来比喻学生超过老师或后人胜过前人。但你知道吗，句子的本义与古代蓝色的染料有关，青指靛青，是从蓝草中提取的一种蓝色，比蓝草的蓝更深。

靛青，也称靛蓝，是人类所知的最古老的色素之一。"青青子衿，悠悠我心。……青青子佩，悠悠我思。"《诗经·郑风·子衿》中记载了当时的先民穿着青色服装的情况；新疆维吾尔自治区博物馆收藏有一件蓝白印花布，是汉代的产品；长沙马王堆汉墓出土的"长寿绣"刺绣织物的底色是靛蓝所染；贵州省博物馆宋代鹭鸟纹彩色蜡染褶裙下摆也是靛蓝所染。这些表明了靛蓝作为织物染料历史悠久。

宁波天一阁藏书封面

宋代鹭鸟纹彩色蜡染褶裙
（贵州省博物馆）

《诗经·小雅·采绿》是目前查到的最早记载人们进行采蓝、染蓝的文献，且规模不小。因为当时的织物染色设有专人主管，主持生产靛青的人称为“蓝尹”，可见靛青染色已颇具规模。随着技艺的成熟，靛青染色更为普遍。《天工开物》里就记载了靛蓝制作的详细方法：七月割下蓝草的茎叶，放入窖、桶或缸里，放水泡七天，捞出枝叶，往水里加入石灰，不断搅动，最后的沉淀物即为蓝靛泥，可用于染色。这种传统的制作方法在民间一直延续到今天。

清水泡蓝

石灰点化

木棍搅动

沥水成泥

中国古人对服装颜色很讲究，各阶层的服饰用色都作了明确规定。老百姓一般不能穿颜色华丽的衣服。靛蓝染色方便且经济，所染的深蓝色牢固，耐脏耐用，很快成为中国古代平民衣着最主要的颜色。古人用简单、原始的蓝白两色，创造出了一个淳朴自然、千变万化、绚丽多姿的蓝白艺术世界。

传统的手工印染制品蓝印花布就是利用靛蓝染色而成，蓝印花布的纹样图案来自民间，充满了浓郁的乡土气息和民俗风情。在过去，家有女儿出嫁时，衣被箱里必定会有一两条蓝印花布被面，其上大都是龙凤呈祥、凤穿牡丹图案，人们称之为“龙凤被”，也称为“压箱布”。

南通蓝印花布博物馆一角

践

## 古人之行

在天然草木染的领域里，蓝染有“三最”：过程最繁复、最考验耐性和最耗时。让我们用一点耐心，在老师或家长的指导下，仿照古人的方法制作蓝靛泥，并用它给布染色。

### 1 浸泡蓝草

将蓼蓝等蓝草枝叶放进盆里浸泡，可使用重物将蓼蓝完全浸泡在水中，等待一段时间。如果在夏天，一昼夜即可浸泡出颜色。

浸泡枝叶

得到溶液

### 2 制作染液

捞出残枝败叶并加入石灰水，不断搅拌，直至产生大量泡沫，这时液体会慢慢地由绿变蓝。

加入石灰水

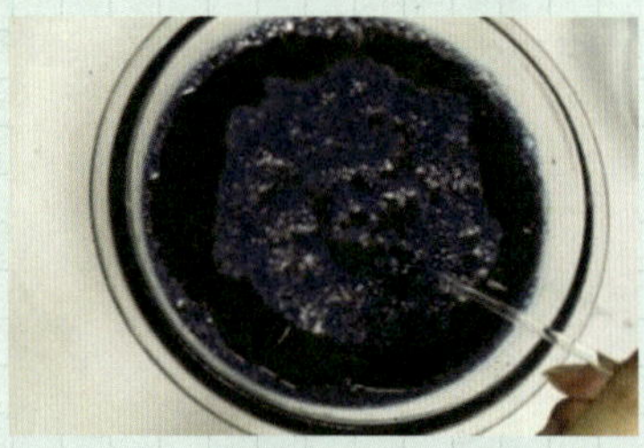

充分搅拌

### 3 制作蓝靛泥

静置，等待沉淀。倒掉上层的水，取出下层的沉淀物，即蓝靛泥。注意，蓝靛泥需密封避光保存。

静置

取出沉淀物

密封避光保存

制蓝靛泥过程中产生的残枝败叶可以用来做肥料，废水可以用来灌溉农田，整个过程非常环保。

手艺好的匠人制作的蓝靛泥能放上十几年也不会变质。染布的时候，取出需要的量，放在冷水缸中，再加上米酒和草木灰水后密封保温发酵，待染缸里满溢靛蓝花的时候，就可以开工染布了。

## 4 染布

取出一定量的蓝靛泥，加入同等量的米酒，再加入草木灰水，搅拌使蓝靛泥溶解，然后密封保温发酵。一般，夏季需 5 天左右，冬季时间会更长些。待染液由蓝变绿时即可染色，染布在空气中会自动从绿色氧化成蓝色。

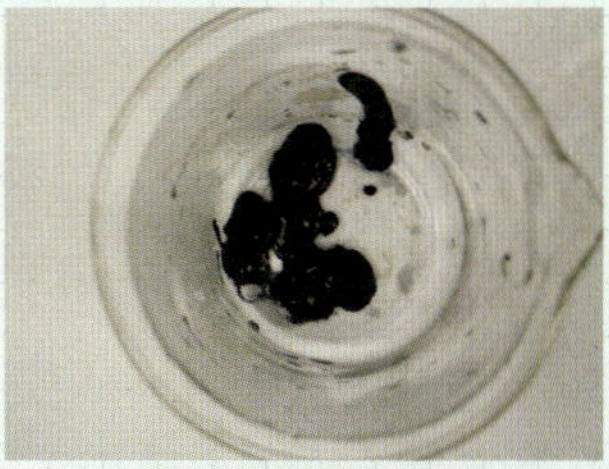
取适量蓝靛泥

倒入米酒

倒入草木灰水

搅拌均匀

密封发酵

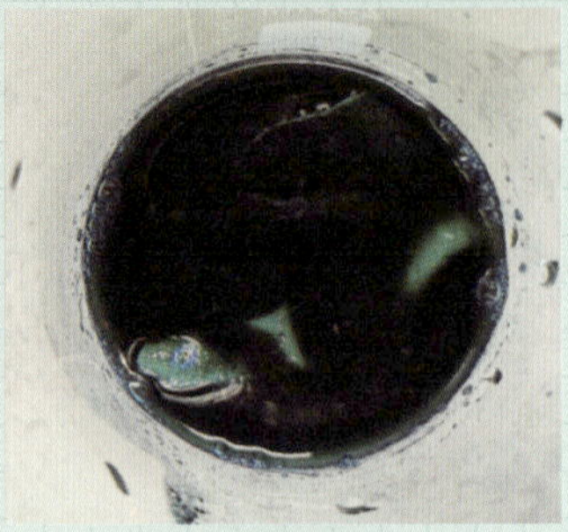

蓝靛泥中加入碱剂和纺织还原剂　　等待约半小时　　染液变绿

传统染布方法耗时较长且对温度要求较高，因此现代方法改为直接在蓝靛泥中加入碱剂和纺织还原剂（如保险粉、吊白粉等）。常温下约半小时后，染液变绿，即可开始染布。

靛蓝染色成品展示

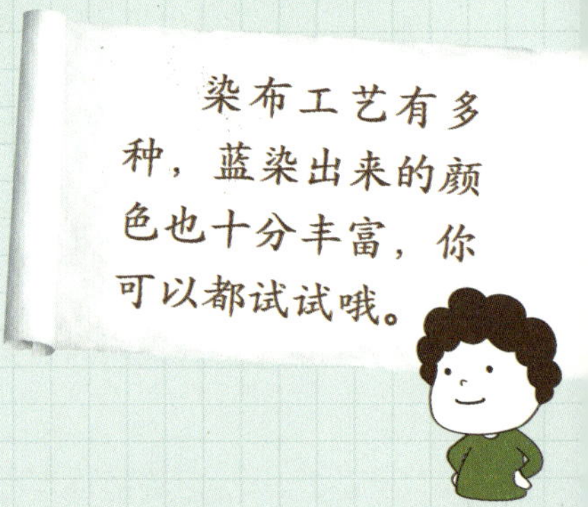

在自然界中，可提取靛蓝的植物有很多，《天工开物》中就有“凡蓝五种，皆可为淀”的记载，这里的五种植物分别是菘蓝、蓼蓝、马蓝、木蓝和苋蓝。其中最有名的是蓼蓝，因为它是自然界中靛苷含量最高的植物，靛苷是靛蓝蓝色的来源。

蓼蓝

在西周及以前，古人只会用蓝草直接给织物染色，或者将布和蓝草一起揉搓，或者将蓝草鲜叶捣碎再加冷水浸渍布，水洗后即可得到蓝布。但这样染的布不是很蓝，因为这时候的蓝色素是从蓝草植物细胞中溶出来的靛苷，靛苷蓝色较浅。

春秋战国后，人们发现一直泡蓝草的池子加入石灰水或草木灰后，底部有蓝色沉淀生成，用这种蓝色沉淀染布得到的蓝色更深，也更漂亮。这是因为这个过程发生了复杂的生物作用和化学变化：泡蓝草池子里的微生物在适宜的温度、酸碱度等条件下大量繁殖，发酵分泌出的糖化酶使靛苷分解，加入石灰水或草木灰后，溶液变成了碱性，分解的物质经氧化缩合生成了蓝靛泥。

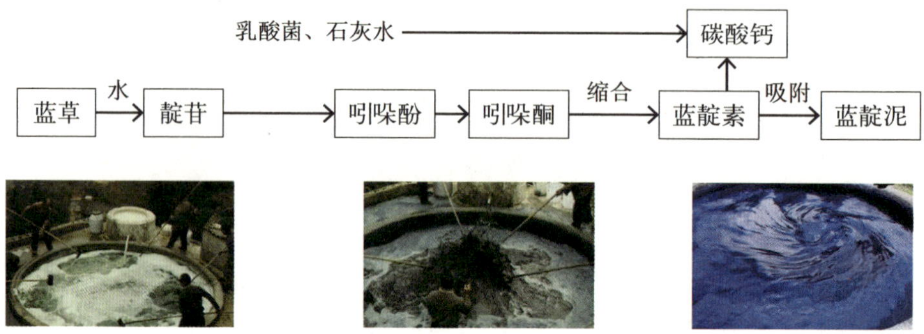


蓝染过程中的化学变化

古人虽然不知道这些原理，却在不断的实践中使这项技艺发展到了炉火纯青的程度。他们还会在池子里加入酒糟或甘蔗，促进蓝草发酵，更快得到蓝泥。以后，人们用蓝草染布都是先制靛蓝沉淀，再发酵染布。发酵产生的氢气将不溶的靛蓝还原成可溶性的靛白，易附着

蓝染制品

在布纤维上。将布取出通风晾干的过程中，附在纤维上的靛白又被空气中的氧气氧化，再复变为靛蓝，这样的蓝色很纯，染色也很牢固。

用靛蓝染布有许多的实质效用，经靛蓝染色后的布料纤维通常更结实。除此之外，还有防虫、消臭、抑制皮肤病、防止紫外线的效果。同时，蓝色在心理学上有镇定、放松心情的作用，促进注意力集中，可舒缓内分泌系统，使之正常运转。这些都是靛蓝染色制品看不见的价值。

## 观后续发展

靛蓝植物除了给织物染色外，在建筑及装饰绘画上也有广泛使用。例如敦煌壁画使用的颜料中就有靛蓝染料，北京故宫建福宫彩画的蓝色也是使用靛蓝为颜料绘制而成。

北京故宫建福宫彩绘

中国造纸史上的名纸瓷青纸和羊脑笺也是用靛蓝染色制成的，千年不变，形成的“碧纸金书”弥足珍贵，常用于经书抄写或刻印。苏州博物馆收藏的宋代雕版印刷的《妙法莲华经》，每卷引首以横长14 ~ 16厘米的碧纸为包首。它在我国古代印刷史上也占有重要的地位。

蓝草的叶、根还可入药，就是中药中的大叶青和板蓝根。将蓝草加工成靛蓝的过程中也能够产生一种副产品——青黛。青黛是马蓝、蓼蓝或菘蓝的叶或茎叶加工制得的干燥粉末或团块，具有清热、凉血、解毒等多种功效。除了药用，青黛还是上好的画眉用品。唐代诗人李白《对酒》诗云："青黛画眉红锦靴，道字不正娇唱歌。"

青黛

德国化学家阿道夫·冯·贝耶尔

与中国一样很早就用蓝草染色的还有古印度、古埃及等国家。但天然靛蓝染料资源毕竟有限，从种植、收集、提取到应用需要很长的时间，产率也较低。1885年，全球天然靛蓝的产量虽有5000吨左右，但仍不能满足市场的需求，因此科学家开始研究人工合成靛蓝。1881年，德国化学家阿道夫·冯·贝耶尔首次人工合成靛蓝，并于1883年确认靛蓝的化学结构式，发现人工合成的靛蓝与天然的靛蓝完全一样。这种生产不受自然条件的影响，效率也更高。这是人类历史上第一次人工合成染料，人们看到了化学创造美丽世界的魅力。由于合成靛蓝对有机化合物研究作出的重要贡献，贝耶尔获得了1905年诺贝尔化学奖。

靛蓝的人工合成，使得它成为今天最普遍也最时髦的服饰——牛仔服永恒的流行色。

牛仔裤

蓝印花布工艺品

# 乌米

染料坊

# 探

## 文化之源

“诗仙”李白和“诗圣”杜甫二人趣味相投，杜甫曾在五言古诗《赠李白》中写道：“岂无青精饭，使我颜色好。”他为什么会对“青精饭”情有独钟？这神奇的“青精饭”是什么呢？

杜甫和李白雕塑

乌米饭

“青精饭”又称乌米饭，看起来有点像黑米，但其黑色不是米本身的颜色，而是经植物叶汁染色加工而成。蒸熟后的乌米饭外表漆黑光亮，香气扑鼻。宋朝林洪撰写的《山家清供》开卷第一篇就是“青精饭”:“青精饭，首以此，重谷也。”

关于乌米饭的起源，有不少民间传说，地域不同，说法不同。一种说法与战国时期著名军事家孙膑有关，他曾与庞涓同拜鬼谷子为师，后来因庞涓妒忌他的才能，将他骗到魏国，处以残酷的膑刑，又将他关入猪圈。但是，派去监督孙膑的老兵心地善良，偷偷上山采集民间草药南烛叶，挤汁浸糯米，烧成乌紫的米饭，捏成长圆段类似猪粪，躲过监守者，给他充饥。孙膑吃了乌米饭，精神振奋，在别人的帮助下逃回齐国，后为齐王重用，且留下了著名的《孙膑兵法》。因孙膑第一次吃乌米饭是在立夏时节，吃后又能强身健体，故民间相沿成习，成为一种食俗，在我国多个地区如东吴一带流传至今。

践

## 古人之行

乌米饭的制作方法有多种。《本草纲目》记载："〔藏器曰〕乌饭法：取南烛茎叶捣碎，渍汁浸粳米，九浸九蒸九曝，米粒紧小，黑如瑿（yī）珠，袋盛，可以适远方也。"也就是说，用南烛树叶捣碎后溢出的汁水浸泡粳米，经过蒸煮和曝晒便可制成，且可供携带食用。依据古人的做法，我们一起制作一次乌米饭吧。

### 1 洗叶、捣汁

取南烛嫩叶 500 克，漂洗干净。把叶子放入榨汁机内，加清水搅碎。倒入大盆中，用滤网或纱布过滤，留汁备用。

漂洗嫩叶

榨汁

过滤

装瓶备用

## 2 淘米浸泡

将 300 克糯米洗净，浸泡于南烛叶汁中 8 ~ 10 小时。

糯米洗净

浸泡

## 3 蒸饭成色

将浸泡好的糯米倒出多余的汁水，放入垫有纱布的蒸笼里，旺火蒸 25 分钟，即成乌米饭。

放入蒸笼

蒸饭

完成

# 析

## 科技内涵

“药食同源”是中国医学的宝贵经验。乌米饭不仅颜色诱人、清香甜美，也是典型的食补、食疗珍品。

南烛，又名乌饭树，5 ~ 6月开花，8 ~ 10月结球状小浆果。浆果表面由绿色变为褐色，成熟时为紫黑色，与我们熟悉的蓝莓、蔓越莓等同科。

乌饭树的叶子明明是绿色或带点红色，为什么却做出了乌黑油亮的饭呢？其实，乌饭树叶中存在大量的原花青素、多酚类物质，是重要的植物色素，也具有防癌抗癌、抗衰老等功效。加热过程中，乌饭树叶汁中的色素与米发生复杂的化学变化是乌米饭变得乌黑发亮的重要原因。

南烛叶中的植物多酚是糯米的主要着色剂，由于含量不高，所以颜色较浅 → 浸泡8小时 → 经较长时间，色素和米中的蛋白发生初步结合，米染色加深 → 沸水蒸25分钟 → 加热后，米中蛋白部分变性，色素更容易与蛋白中暴露的基团结合，形成大分子沉淀，沉淀能吸收可见光区大部分光而呈黑色。同时多酚类物质在高温下还会发生褐变反应，导致加热后米饭黑色更深

乌米饭乌黑的原因

乌饭树叶中含有的黄酮类物质和挥发油是使乌米饭成为珍品的最重要原因。黄酮类物质有很强的抑酶和抑菌性，减缓了用乌米制作的饭或糕点的变质腐败速度。挥发油芳香气味浓郁，赋予乌米饭特殊的清香。

乌米饭的口味可甜可咸，可以直接拌白糖食用，也可以加豌豆、咸肉重新翻炒。除了直接食用外，还可以将它做成各种形态，如乌饭团、乌米烧卖、乌米寿司等。乌叶汁除了做乌米饭，还可以用来做乌凤爪、乌米粽、乌饭茶、乌米酒等美食。看似乌黑，清香的口味却别有一番滋味。

乌米饭

乌米粽

乌米糍团

乌饭树叶除制作食物外，染色能力也很强，能做天然的染色剂，可用来制作染发胶，也可以用于锦纶织物染色，色牢度好，且工艺简捷、无污染。

自然界中还有很多含天然黑色素的食物，如黑豆、黑米、黑芝麻、黑木耳、黑枸杞、桑葚等。科学研究表明，这些食物营养价值高，能滋补养生，具有很高的食用和药用价值。如今，不论盛宴还是便餐，“吃黑”已成为一种“食尚”。

含天然黑色素的食物

# 铁红

## 探 文化之源

红色是中华民族最喜爱的颜色，是中国人的文化图腾和精神皈依。每逢新春佳节、贺寿嫁娶、买卖开张、竣工典礼等各种庆祝活动，人们总是喜欢用那一抹红色。如宋代舒岳祥在《同正仲赋赪桐彩蝶》中写道“徘徊最爱真红色，摇曳偏垂五彩裳”。

欢度春节

中国人喜欢红色的渊源可追溯到古代人对日神虔诚的膜拜。五行中的火所对应的颜色就是红色，八卦中的离卦也象征红色。红色吸纳朝阳最富生命力的元素，采撷晚霞最绚丽的光芒，蒸腾熊熊烈火的极温，凝聚血液最浓稠活跃的成分，糅进相思豆最细腻的情感，浸染枫叶最成熟的晚秋意象。红色代表吉祥、喜庆、团圆、勇敢、忠诚，甚至驱邪之意。

福州泉州开元寺红瓦房顶

福建泉州开元寺照壁

铁红，也称赭石，是人类最早使用的颜料之一，也是形成自然界美丽丹霞地貌的重要原因。将大自然的美丽色彩融入生活，或许是古人最早的尝试。考古发现人类最早的着色颜料是赭石，考古学家甚至在山顶洞人遗迹中发现了赭石，石器时代的墓葬中至少一半铺满了赭石。因此，赭红色石头不仅是一种天然的颜料，还成为原始文化的一种记录。

从我国各地文化遗址发掘的岩画可以证实，大约七千年前我国就已经熟练使用赭石天然矿物颜料。绘制于战国至东汉时期的广西崇左市左江花山岩画所用的绘画颜料就是赭红色的赤铁矿粉，用动物脂肪稀释调匀，用草把或鸟羽直接刷绘在天然崖壁上。由于当时的矿物颜料粗糙，需要研磨才可使用，下面的石研磨盘上依然留有颜料的痕迹。

你印象中的兵马俑外观是不是灰蒙蒙的，事实真的是这样吗？其实刚挖出来的兵马俑是彩色的！在制作兵马俑的时候，工匠们是在烧制好的陶俑上绘制颜色，其中兵马俑上衣的组成颜色就使用了赭石色。

丹霞地貌

秦始皇兵马俑坑

秦始皇兵马俑

敦煌壁画中使用了赭石色，是用赤铁矿制成的。《千里江山图》等中国古代画所使用的红色颜料也是赤铁矿制成的。

敦煌壁画（大英博物馆）

福建浦城县博物馆所藏的古代纺织图

氧化铁红颜料除了在传统绘画中使用以外，还用于宫殿外墙、防锈漆、彩色铅笔和粉笔等。

北京故宫红墙

福建泉州开元寺红色房梁

践

古人之行

古代制作赭石颜料，要把赭石原料去杂质后，捣碎研细，加入胶水，再研磨，兑入温水搅匀，待其沉淀。将上层黄膘倒出，蒸干收存，得到的就是赭石膏，可做绘画颜料。我们仿照古人，在家长或老师的指导下，一起来制作赭石矿物颜料！

## 1 加水浸泡

取 30 克赭石粉末（也可在实验室直接取氧化铁粉末），加 100 毫升水搅拌，浸泡约 10 分钟。

搅拌赭石粉末

## 2 沉淀分色

再搅拌均匀，静置 2 分钟，通过重力沉降，粗的颗粒沉在下面，细的仍悬浮在上面，烧杯底部有一层颜色最深的厚浆。将上层的浑浊液倒入另一个烧杯中静置 5 分钟，在烧杯底部又有一层厚浆。再将上层的浑浊液倒入另一个烧杯中静置 2 小时，第三次倾倒上层的浑浊液，在烧杯底部剩下一层厚浆。如此就形成了三种颜色的厚浆，颜色越深，颗粒越大。

倾倒浑浊液

三种颜色的厚浆

## 3 明胶溶解

将 5 克明胶用 20 克的凉开水浸泡，待其膨胀后，加入 30 克 80℃左右的热水，搅匀化开即可使用。

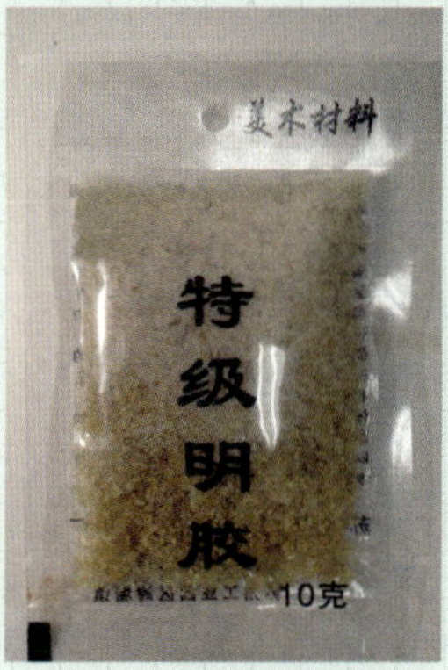


明胶

搅匀化开

## 4 颜料下胶

在上面三种厚浆中分别加入少量明胶溶液，搅拌均匀。

在厚浆中加入明胶溶液

# 5 晾干成型

倒出放在培养皿中，静置晾干，取出剪成片状。

倒在培养皿中

取出剪成片状

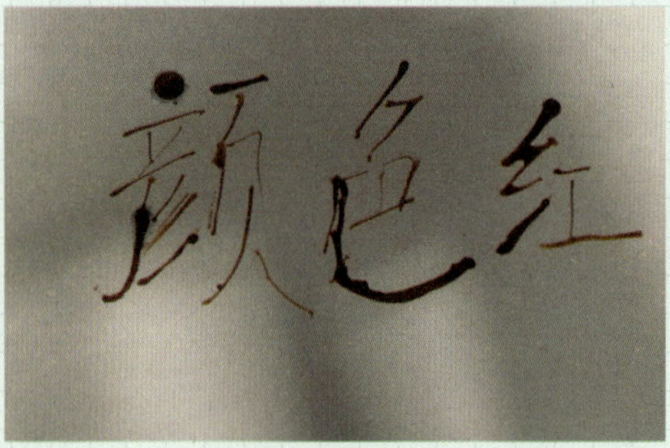


使用颜料写字

# 6 使用方法

使用时取一小片，溶于水中，便可以写字、画画。

析

科技内涵

《本草纲目》记载："赭，赤色也。……今俗呼为土朱、铁朱。"《管子》云："山上有赭，其下有铁。铁朱之名或缘此，不独因其形色也。"可见，李时珍已明确知道红色的赭石与铁矿有关。

铁红有天然的和人造的，天然氧化铁红被人们称为西红，是纯粹的红色氧化铁粉末。人造氧化铁红由于生产方法和操作条件的不同，在晶体结构以及物理方面的性能有所不同，在遮盖力、着色力、颜色等方面都有不同。

赭石是自然界分布极广的铁矿物，是重要的炼铁原料，也可用作红色颜料，为天然氧化铁红，呈红褐色，光泽暗淡，是人类使用最早、应用时间最长的一种颜料。这种天然颜料广泛存在，压碎碾磨便可直接使用，且其红色耐久醒目，艺术效果强烈。

赤铁矿

氧化铁红颜料

赤铁矿的主要成分除了氧化铁以外，还含有少量的氧化锰和氧化铝。锰的含量多，紫褐色的感觉强。如古代的紫土就是含锰较多的赤铁矿。结晶质的赤铁矿有弱磁性，导电性良好，所以在制成矿物色过程中还必须加入去磁、去铁色工艺。

铁锈的主要成分也是氧化铁，当它和水分子结合的时候颜色发黄，称为氧化铁黄。如果它失去水分子则颜色发红，称为氧化铁红，砖头的红色即来自此。

氧化铁的微观结构是一种晶体，但晶体形状、结构和大小不同，可以呈现不同颜色，包括柠檬黄色、橙色、红色、枣红色、紫红色、红棕色等。颜料颗粒度的改变影响颜料对光的吸收和散射，进而影响色彩的饱和度和明度，对颜色的色相也有一定的影响。

自然界中的很多色素不稳定，有的怕氧气、有的怕光、有的怕热、有的怕酸碱。氧化铁除了怕酸，其他基本是“刀枪不入”。具有优越的耐光、耐高温性能，不受大气、污染物以及碱类物质的影响。无论是敦煌壁画，还是上万年前的原始壁画，氧化铁红的红色都持久不变。

人造的氧化铁用化学方法制备，分为干法和湿法。其中，干法就是利用焙烧法制取氧化铁红。传统焙烧绿矾的方法，即硫酸亚铁经过高温煅烧制得氧化铁红颜料。由于该生产工艺会生成二氧化硫和三氧化硫等，导致环境污染。通过改进工艺，可以在一定程度上减少环境污染。

将绿矾放到蒸发皿中，加热 → 绿矾逐渐失去结晶水，变色 → 得到氧化铁红颜料

焙烧绿矾制取氧化铁红的过程

观后续发展

氧化铁颜料除了用于绘画外，也被古代工匠用于红色、黄色陶瓷的着色。从灰陶到红陶的演变，就是烧制陶器的温度提高，与氧气充分结合生成氧化铁的结果。原始青瓷大多是青黄色的，带有黄色是由于当时技术的限制，釉料中的铁没有完全转化为亚铁离子，是氧化铁导致的。随着技术的发展，以后的青瓷能呈现较纯正的绿色。

东汉伎乐女陶俑
（苏州大学博物馆）

唐代青瓷因铁红而显黄色
（陕西浦城县博物馆）

由于技术的提高，以后的青瓷都是绿色的。但在瓷器烧造中，瓷工们还发展了红色的铁红釉，它主要以氧化铁为着色剂。氧化铁含量、烧制环境、温度等对黏土煅烧后呈色有一定的影响，因此铁红釉的烧制难度极高。

大概在东汉或者更早的时候，有工匠把画陶器用的赭石投到釉水里，试图烧出红色的瓷器，结果并不理想，烧出来的器物不是褐色的，就是酱色釉。其实思路没有错，铁也能烧成红釉，只是汉代时窑温太高没有烧成。

宋代矾红瓷器是以氧化铁为着色剂，低温烧成的，它的色泽往往带有一种如橙子般的红色。明代，瓷工发现铁在低温窑里可以呈现出亮丽的红色。再后来，清代瓷工将红釉吹在烧好的白瓷外壁上，经二次低温烧制得到红釉瓷器。这也是一种低温铁红釉，因其烧成后颜色均匀、光润，色红中闪黄，能与天然珊瑚媲美，故称“珊瑚红釉”。

明嘉靖矾红釉碗

目前，氧化铁红颜料在不断向高端发展，其中超细系列、耐温系列、透明系列氧化铁颜料均在传统粉体上进行改进，提升了粉体的耐温性、分散性等指标，能较好地满足颜料的发展要求。

氧化铁红颜料可用于油漆、橡胶制品、塑料制品、建筑等的上色。氧化铁红颜料还可用于化妆品行业，特别是通过氧化铁红、氧化铁黄、氧化铁黑和赭石的调色，配制成不同颜色的口红。

塑胶跑道

防锈油漆

各种颜色的口红